ASSOCIATION FRANÇAISE

POUR

L'AVANCEMENT DES SCIENCES

FUSIONNÉE AVEC

L'ASSOCIATION SCIENTIFIQUE DE FRANCE

(Fondée par Le Verrier en 1864)

Reconnues d'utilité publique

CONGRÈS DE LYON

(2-7 Août 1906)

12ᵉ SECTION (SCIENCES MÉDICALES)

Président M. le Professeur TEISSIER

PATHOGÉNIE

DES ANKYLOSES SPONTANÉES

ET PARTICULIÈREMENT

DES ANKYLOSES VERTÉBRALES

RAPPORT PRÉSENTÉ

Par MM. Antonin PONCET et René LERICHE

PARIS

AU SECRÉTARIAT DE L'ASSOCIATION

Hôtel des Sociétés savantes

28, RUE SERPENTE, 28

1906

PATHOGÉNIE

DES ANKYLOSES SPONTANÉES

ET PARTICULIÈREMENT

DES ANKYLOSES VERTÉBRALES

PAR

MM. Antonin PONCET et René LERICHE

I. — Contrairement à la plupart des questions chirurgicales, la patho-génie des ankyloses a passé de longues années sans revision. Les doctrines microbiennes sont apparues et ont évolué sans incursion sur ce terrain. Toute l'attention des chirurgiens s'est concentrée sur la discussion de thérapeutique qu'elle soulevait, sans chercher à en préciser la nature.

Sur ce point, on s'en est généralement tenu à ce que Bonnet avait enseigné; et, à la suite d'Ollier, tous les auteurs qui ont cherché à éclaircir le problème se sont bornés à envisager, successivement, l'influence des différents facteurs qui peuvent intervenir pour produire l'ankylose : rôle de l'immobilité, rôle de l'inflammation, tendance plastique de certaines infections et, par-dessus tout, rôle primordial de la diathèse rhumatismale.

Nous ne voulons pas reprendre en détail l'étude de chacun de ces facteurs. Ce serait là répétition inutile. Il est établi, aujourd'hui, que toute ankylose doit être considérée comme le reliquat d'une arthrite. C'est la cicatrice pathologique d'une inflammation articulaire. L'immobilité, même prolongée, est, à elle seule, insuffisante pour ankyloser une jointure. Les troubles qu'elle engendre ne peuvent aboutir à des soudures fibreuses intra-articulaires et ne donnent lieu qu'à de fausses ankyloses. Verneuil l'a dit, avec raison : il n'existe pas, dans la science, d'exemple authentique d'ankylose osseuse, produite dans une articulation saine, par le seul fait de l'immobilité.

Ceci étant posé en principe, on peut admettre trois sortes d'ankyloses : des *ankyloses post-traumatiques*, des *ankyloses de guérison* et des *anky-loses inflammatoires ou mieux infectieuses*.

Cette classification a, sans doute, quelque chose d'artificiel. Toute ankylose, avons-nous dit, est le résultat d'un processus inflammatoire, mais elle est, à cette restriction près, parfaitement compréhensive et ne saurait, croyons-nous, prêter à confusion.

Le premier groupe, en effet, correspond à des faits bien connus et d'un mécanisme clair. Le second comprend les ankyloses de la tuberculose. Elles sont l'aboutissant du processus évolutif curateur de certaines tumeurs blanches, processus rarement spontané, signalé, pourtant, comme tel par Socin, d'ordinaire péniblement obtenu à l'aide d'injections sclérosantes[1] et de révulsion ignée. Elles ne sont pas dues au bacille de Koch; elles se font malgré lui, contre lui, et sont, en somme, la cicatrice des lésions qu'il produit.

Le troisième groupe est le plus intéressant. C'est celui des arthrites infectieuses. Il comprend deux ordres de faits : les arthrites, en effet, aboutissent à l'ankylose après suppuration ou sans pus.

Après suppuration, la chose est banale. Les parties fibreuses de la synoviale enflammée s'épaississent, les exsudats s'organisent; au niveau des cartilages érodés, des adhérences se forment et bientôt se produit une ankylose, fibreuse d'abord, puis osseuse parfois.

Sans pus, certaines arthrites infectieuses ou, plus souvent peut-être, toxi-infectieuses, conduisent au même résultat. On les appelle assez volontiers, pour cela, *arthrites ankylosantes* et on réserve, plus spécialement aux soudures qu'elles occasionnent, le nom d'*ankyloses spontanées*. C'est d'elles seules que nous parlerons désormais.

Les ankyloses spontanées relèvent donc d'arthrites aiguës, non suppurées, et plus exactement, d'*arthrites pseudo-membraneuses*. Ce sont les arthrites avec sécrétion de lymphe plastique, si parfaitement décrites par Bonnet.

En pareil cas, la congestion inflammatoire et l'irritation de la synoviale ne produisent qu'un épaississement marqué de la séreuse. OEdémateuse et lardacée, elle laisse exsuder une sorte de couenne, blanc jaunâtre, d'apparence gélatineuse, sans organisation, ni structure tissutaire, nettement définie. Le processus est purement plastique. Il n'y a point de liquide. C'est, à proprement parler, le mot est classique, une arthrite sèche aiguë.

Peu à peu, les fausses membranes vont s'organiser. Elles le font comme toute fausse membrane des séreuses, par pénétration de vaisseaux néoformés et évolution fibreuse consécutive. Il n'y a là rien de plus qu'au niveau de la plèvre ou du péricarde. Ainsi se créent des adhérences, plus ou moins solides, entre les différents points de la synoviale, et cela surtout, sur les parties périphériques, vers les bourrelets synoviaux, au niveau des franges.

En même temps, de son côté, la synoviale, épaissie et infiltrée, prolifère. L'évolution scléreuse de ces tissus nouveaux contribue, elle aussi, à la production d'une *ankylose fibreuse, plus ou moins centrale*.

Mais le processus, en aucun cas, n'est exclusivement synovial. Cornil et Ranvier ont, autrefois, montré que, même dans les fluxions rhumatismales légères, les lésions n'étaient jamais parfaitement systématisées. A plus forte raison, en est-il ainsi dans les arthrites graves que nous envisageons. Le cartilage, l'os sous-jacent, les parties molles péri-articulaires sont, eux aussi, touchés à des degrés divers, et réagissent, chacune pour son propre compte, suivant le mode qui lui est propre.

---

1 Cornil et Coudray, Action de l'iodoforme sur les tissus normaux (*Semaine médicale*, p. 159, 1900).

L'ensemble aura, pour résultat, l'adhérence plus intime des parties normalement mobiles les unes sur les autres.

La localisation prédominante sur tel ou tel système, créera les différentes variétés d'ankylose, décrites dans tous les ouvrages classiques.

Constamment le cartilage présente des lésions microscopiquement appréciables. En certains points, par îlots, c'est de la prolifération désordonnée et de la tuméfaction sensible au doigt. Ailleurs, ce sont surtout des érosions par suite d'une sorte de fonte rapide de la substance cartilagineuse. Celle-ci se fendille et s'érode. Il se fait des fissures irrégulières, des ulcérations d'étendue variable, laissant les surfaces osseuses arriver directement au contact.

A ce niveau, l'os, très vasculaire, irrité, pousse comme des pointes d'accroissement qui vont créer des adhérences osseuses, partout où le cartilage a disparu. Ainsi se forment des stalactites plus ou moins régulières, de petits ponts osseux, et, quand le cartilage a complètement fondu, une synostose absolue des extrémités osseuses en présence. Ainsi se réalise l'*ankylose osseuse centrale*.

Simultanément, l'os se déforme parfois. Volkmann a, dès longtemps, attiré l'attention sur l'augmentation du diamètre antéro-postérieur et l'aplatissement transversal que l'on peut, en pareil cas, observer au niveau du genou. Peut-être des questions de statique ou de pression interviennent-elles? Nous ne savons ; toujours est-il, qu'à côté des cas où la silhouette articulaire garde toute la pureté de son profil, il en est d'autres où un tassement se fait, probablement permis par une ostéomalacie passagère, rendant les épiphyses trapues et comme ramassées.

La fusion est d'autant plus parfaite que le contact des surfaces articulaires est plus intime. Dans les articulations par emboîtement elle est complète. La jointure n'est plus qu'un bloc osseux : c'est tout spécialement le fait de la hanche ; ailleurs certains points restent indemnes, comme l'espace intercondylien au niveau du genou. Il semble que l'orage articulaire le respecte assez habituellement.

A côté de cela, les tissus extra-synoviaux sont plus ou moins altérés. Ligaments et capsule, gonflés au début par une sorte d'œdème gélatineux, devenus comme succulents, prennent progressivement l'aspect lardacé, caractéristique de ces processsus subaigus. Puis, peu à peu, l'inflammation épuisant sa virulence, les exsudats se résorbent, laissant tous ces tissus fibreux, sclérosés, rétractés, ratatinés, incapables désormais de permettre à l'article de reprendre sa mobilité d'antan et contribuant, eux aussi, à la souder plus étroitement. Ce processus est-il prédominant, les lésions intra-articulaires sont-elles faibles, à eux seuls ils feront toute l'ankylose qui sera dite *fibreuse périphérique*.

En certains cas, le processus peut aller encore plus loin. Sous l'influence probablement d'une irritation périostique péri-épiphysaire, on voit les parties molles péri-synoviales s'ossifier. Le processus paraît débuter par un fin dentelé de tissu osseux sur les marges articulaires[1]. Ces ecchondroses ossiformes vont à la rencontre les unes des autres, arrivent à se souder plus ou moins intimément, envahissant la capsule, gagnant

---

[1] Griffiths, *The Journal of Pathology and Bacteriology*, 1897. *The Varieties of Ankylosis by Bone in Differents Parts of the skeleton.*

les ligaments, les tendons même, et laissant, au contraire, peut-être pour quelque temps seulement, la cavité articulaire libre et respectée.

C'est l'*ankylose cerclée*, bien connue des vétérinaires.

Puis lentement, pendant que ces changements ont lieu à l'extérieur de l'os, les épiphyses au contact, par disparition progressive du cartilage qui insensiblement s'ossifie, arrivent à se souder, et l'arthrite ossifiante est devenue totale

C'est là une forme rare de l'ankylose en pathologie humaine, si on envisage l'intégralité du processus, mais, à l'état d'ébauche, elle est assez fréquente. Cloquet avait parfaitement vu cette ossification des fibres ligamenteuses qui recouvrent les vertèbres, les soudant entre elles excentriquement, et respectant les fibro-cartilages. On trouve alors, dit Bonnet, de longues plaques, passant superficiellement d'une vertèbre à l'autre, formant quelquefois une sorte de gaine ou d'étui qui en réunit plusieurs.

On arrive ainsi par degrés à l'ossification totale de la colonne, transformée en un bloc rigide, en une barre résistante.

C'est, en effet, au rachis que se réalise le plus souvent chez l'homme l'ankylose cerclée. Elle n'aboutit que rarement d'ailleurs à la synostose absolue.

Mais quand tout processus infectieux est éteint, quand cliniquement l'arthrite est « cicatrisée », tout n'est pas encore fini. Il se fait sourdement un lent travail de résorption osseuse et d'adaptation trabéculaire qui arrive à remanier complètement l'architecture squelettique. Conformément aux lois de Wolff, les différents systèmes de fibres vont s'adapter à l'état nouveau des bras de leviers qu'elles constituent. Nous ne voulons pas exposer tout au long ces bouleversements osseux. Cela nous entraînerait trop loin. Qu'il nous suffise de dire que tous les systèmes correspondant aux mouvements désormais perdus vont disparaître. Tout va donc dépendre de la position d'ankylose. Est-elle en position vicieuse, en flexion et abduction par exemple, les fibres de traction utilisables dans la production de ce mouvement vont s'hypertrophier, sinon se multiplier. Les fibres de contact autres que celles du contact flexion, abduction, vont s'atrophier et disparaître presque complètement. C'est à la hanche que la chose est le plus saisissante.

Dans une ankylose rectiligne par exemple, il ne restera plus guère, au bout d'un temps qu'il est difficile de calculer, que les fibres correspondant à l'appui et à la traction fémorale de la station debout, c'est-à-dire une prédominance énorme du système interne plus ou moins redressé. Finalement, les fibres paraîtront continues avec celles d'appui du bassin, et le seront en réalité.

A ce moment, la synostose sera absolue, anatomiquement totale. Telle est la dernière phase, physiologique en quelque sorte, de tout processus ankylosant.

Nous avons insisté longuement sur les différentes étapes de la période inflammatoire et sur les modalités diverses qu'elle peut revêtir d'après les localisations prédominantes du processus infectieux. On comprend ainsi facilement toutes les variétés d'ankyloses et voir qu'au fond toutes se ramènent à un schéma assez simple.

La morphologie pure d'une articulation ankylosée ne donne aucune indication sur le processus causal.

Toute infection à tendance plastique peut réaliser, à elle seule, toutes les variétés d'ankylose. Celles-ci ne relèvent que du mode d'attaque et de la localisation première ou prédominante du processus.

Quelles sont donc, pratiquement, les types étiologiques d'arthrites ankylosantes ?

Dans les ouvrages classiques, la chose est assez mal indiquée. On parle, tout d'abord, des pseudo-rhumatismes. Tous, en effet, mènent volontiers à l'ankylose. Cette tendance fibrino-plastique est une de leurs caractéristiques d'évolution. Elle fut, dès le début, parfaitement indiquée par Bouchard et son élève Bourcy, et il est de notion courante que le rhumatisme blennorragique, de tous le plus fréquent, présente, au plus haut point, cette tendance à faire des synostoses sans pus.

On a cherché souvent à opposer, par ce caractère, les pseudo-rhumatismes au rhumatisme franc. Pourtant celui-ci, sous ses différentes formes, a été rendu responsable d'un grand nombre d'ankyloses, de presque toutes celles qui ne font pas leur preuve par un traumatisme ou une suppuration articulaire. Dans certaines statistiques d'ostéoclasies ou de résections, on le trouve à l'origine de près d'un tiers des cas.

Le rhumatisme franc a-t-il donc une si grande tendance ostéogène. A lire les traités de médecine, il ne le semble pas. Après production plus ou moins abondante de liquide, la *restitutio ad integrum* des articulations touchées est la règle,

L'arthrite sèche aiguë, c'est-à-dire la véritable arthrite ankylosante, ne se voit pas dans le rhumatisme franc. Tous les auteurs sont d'accord sur ce point, si bien que, d'après eux, comme nous l'avons montré ailleurs [1], on est en droit de conclure : *le rhumatisme franc ne conduit jamais à l'ankylose vraie.*

Comment, dès lors, concilier le désaccord entre médecins et chirurgiens ? Ollier et Pingaud l'ont tenté en faisant une sorte de compromis entre le traumatisme et le vice rhumatismal. Il faut, disent-ils, que traumatisme et rhumatisme se mêlent pour aboutir à la synostose ; le rhumatisme, à lui seul, n'est pas assez plastique ; c'est à des irritations locales répétées, à des mouvements intempestifs, qu'il emprunte sa tendance ankylosante.

Un tel processus ne nous paraît pas acceptable. Il est, tout d'abord, nombre d'arthrites, d'apparence rhumatismale, qui sont si douloureuses, que toute exploration de l'article est impossible. On laisse le membre immobilisé longtemps, et quand le malade, ne souffrant plus, essaie de quitter son bandage ou sa gouttière, il est ankylosé définitivement, sans avoir subi le moindre traumatisme articulaire.

Ce sont là ces arthrites plastiques ankylosantes que Gosselin [2] avait fort bien vues, et qu'il s'est attaché à définir dans ses cliniques et dans la thèse de son élève Bolot [3] (1881), sans pouvoir, d'ailleurs, arriver à en préciser la nature. Malgré tout, dans ces cas, le processus est ankylosant. Mais pourquoi y a-t-il ankylose ? se demandait Gosselin. « Nous disons, aute de mieux, que la cause cherchée est rhumatismale. Le rhumatisme

---

[1] A. Poncet et R. Leriche, Rhumatisme tuberculeux ankylosant *(Revue de chirurgie,* janvier 1905).

[2] Gosselin, *Clinique chirurgicale de la Charité,* t. II.

[3] Bolot, th. de Paris, 1881.

produisant ainsi des arthrites simplement congestives, ou des arthrites plastiques, ankylosantes, il resterait à savoir pourquoi il a pris le mode que nous avons observé ? » Nul n'a répondu à la question posée par Gosselin D. Mollière[1], Nicaise[2], Ollier[3], ont apporté des observations plus ou moins superposables. On a parlé de diathèse rhumatismale, ostéophytique, et Mauclaire[4] a consacré quelques lignes à ce qu'il appelle : l'ostéoarthrite plastique ankylosante.

Plus récemment, Nélaton[5], Routier[6], Lucas-Championnière[7], sont intervenus chez des malades de ce genre. On en trouve plusieurs exemples dans la thèse récente d'Huguier[8]. Le diagnostic généralement porté est celui d'arthrite plastique, ou d'ankylose rhumatismale. La question d'étiologie n'est pas poussée plus loin.

Or, dans toute cette série d'observations, on ne peut invoquer, le plus souvent, de traumatisme articulaire. Spontanément, l'arthrite est arrivée à l'ankylose.

Bref, l'explication donnée plus haut ne saurait être gardée. Il faut donc chercher autre chose. Or, chez de tels malades, nous en avons observé un assez grand nombre[9], on retrouve très souvent, par une enquête minutieuse, les traces d'une tuberculose, ancienne, plus ou moins éteinte, mais, néanmoins, toujours agissante. Un interrogatoire attentif montre que le malade est héréditairement taré par le bacille de Koch, qu'il a vécu dans un milieu de bacillaires, comme cette femme[10], vue par M. Mouisset, opérée par M Vallas, qui avait perdu son père de laryngite tuberculeuse, et soigné successivement deux maris, morts, tous deux, de tuberculose pulmonaire. Parfois le malade a eu, dans l'enfance, des adénites cervicales, des otites, les petits signes de la scrofulose infantile. D'autrefois, l'arthrite ankylosante a été suivie, à brève échéance, d'hémoptysie, de phénomènes pulmonaires chroniques dont l'évolution lente finira par le tuer. Enfin, dans quelques cas récents, la séro-réaction, l'épreuve de la tuberculine, etc., ont montré que ces prédisposés à la tuberculose, qui doivent en mourir un jour, sont, au moment même de leur ankylose, des tuberculeux en action.

Cela suffit. Ces renseignements, que seuls, un interrogatoire et un examen dirigés dans ce sens, peuvent révéler, ont, comme nous l'avons dit d'autre part, la valeur de la goutte uréthrale, qui fait dire : rhumatisme blennorragique, en présence d'une poussée articulaire plus ou moins aiguë.

Ils imposent le diagnostic de rhumatisme tuberculeux, car il en est de ces arthrites comme des symphyses des séreuses, où l'on ne trouve aucune trace d'infection spécifique, aucune édification anatomique, signant le

[1] D. Mollière, *Lyon médical*, p. 218, 1890.
[2] Nicaise, *Revue de chirurgie*, p. 319, 1882.
[3] Ollier, *Traité des Résections*.
[4] Mauclaire, *Traité de chirurgie clinique*, t. III.
[5] Nélaton, Soc. de chirurgie, 18 juin 1902.
[6] Routier, *id.*, 25 juin 1902.
[7] Lucas Championnière, *id.*, 28 juin 1905.
[8] Huguier, th. de Paris, 1904-1905.
[9] A. Poncet et R. Leriche, *Revue de chirurgie*, 1905.
[10] A. Poncet et R. Leriche, *loc. cit.*, ob. II.

processus originel. La tuberculose semble hors de cause, et cependant, depuis les recherches de Landouzy, on sait que, dans ces pleurésies, c'est elle qu'il faut incriminer avant tout.

Aussi peut-on conclure d'une façon ferme : *le rhumatisme franc n'a jamais pour aboutissant l'ankylose vraie.* Les prétendues ankyloses rhumatismales, la plupart des arthrites plastiques ankylosantes relèvent de la tuberculose.

Mais il ne faut pas s'attendre à trouver, en pareils cas, de graves lésions fluxions pulmonaires. Ce ne sont pas les cavitaires qui réalisent volontiers ces articulaires ankylosantes. Ce sont des tuberculeux *a minima*, dont les lésions veulent être cherchées. Leur évolution fibreuse les rend discrètes, et si l'on nous permettait un paradoxe, nous dirions : *qu'il faut être peu tuberculeux pour pouvoir faire une ankylose. Il suffit de l'être longtemps.*

On ne doit pas, d'autre part, chercher, au niveau de ces articulations, les traces habituelles de l'ostéo-arthrite tuberculeuse. On ne les y trouverait pas. Ces lésions sont fonction de la tuberculose inflammatoire. Ce sont des produits réactionnels, d'origine toxinienne, sans nulle caractéristique anatomique. On sait aujourd'hui, depuis nos recherches, que la granulation et la cellule géante ne sont plus le minimum exigible pour pouvoir parler de tuberculose. Nous avons trop insisté sur ce point pour qu'il soit utile d'y revenir ici. La tuberculose inflammatoire est essentiellement plastique et édificatrice. Par elle s'explique donc très simplement le caractère fondamental de ces arthrites, qui sont ankylosantes, malgré tout.

Il nous reste, pour être complets, à signaler les fausses ankyloses de la polyarthrite déformante. Nous n'en avons point encore parlé, parce qu'il s'agit, plutôt alors, de gêne périarticulaire des fonctions de la jointure que de fusion ostéo-fibreuse. Le processus de la polyarthrite est, avant tout, atrophique et médullisant. Autour de l'os raréfié et boursouflé, des exostoses périphériques entravent le glissement des surfaces articulaires déjà fixées par des ligaments rétractés. Il n'y a pas là d'ankylose vraie, et si nous en parlons, c'est pour les exclure.

Dès lors, la pathogénie des ankyloses spontanées devient très simple.

Toutes sont d'origine toxi-infectieuse. Le froid humide, le traumatisme, etc., ne sont que des causes occasionnelles, provocatrices ou localisatrices, d'un pseudo-rhumatisme. Tous les pseudo-rhumatismes tendent à l'ankylose, dans le cas où ils ne sont pas hydropigènes. C'est d'eux que relèvent toutes les arthrites plastiques, dont le plus grand nombre s'expliquent par la blennorragie et surtout par la tuberculose.

Pareille notion est d'un intérêt majeur. Elle paraît, en effet, de nature à élucider certaines pathogénies jusqu'ici mystérieuses, en pathologie humaine comme en art vétérinaire.

D'un côté comme de l'autre, on fait jouer un rôle injustifié aux théories mécaniques. C'est, par la surcharge, par les excès de pression établissant de nouveaux contacts, que certaines articulations surmenées arriveraient à l'ankylose. Ainsi en serait-il du pied plat douloureux. L'astragale, mal orienté, glisserait en avant, culbuterait en bas et en dedans, détruirait la voûte plantaire, parce qu'en même temps la petite apophyse calcanéenne est atrophiée. De là des pressions anormales, des irritations et finalement de l'ankylose.

A réflexion, cette explication statique des synostoses paraît bien un peu surprenante. Elle devient inadmissible quand on songe que la caractéristique du pied le plus déformé au point de vue articulaire, est de ne jamais s'ankyloser. Si la théorie statique était vraie, tous les pieds bots congénitaux devraient être synaostoses. Il n'en est rien. Cette exception cadre trop mal avec la théorie pour ne pas l'infirmer.

Aussi, nous pensons, d'après cela et avec beaucoup d'autres bonnes raisons, qu'il faut l'abandonner et s'en tenir à la formule que nous avons émises : *en dehors d'un processus toxi-infectieux, il n'est pas d'ankylose spontanée.*

Si nous transportons cette donnée en médecine vétérinaire, elle est tout aussi extensive et peut-être solutionnera-t-elle définitivement des questions bien souvent débattues? On connaît, par exemple, la fréquence et la complexité des tares osseuses du cheval Elles sont diaphysaires, comme le suros, ou articulaires, comme l'éparvin. Ce sont des ossifications exubérantes et des ankyloses absolues dont la nature est indéterminée. De nombreux travaux et de multiples théories se sont efforcés, dans ces dernières années, de la préciser[1]. Au fond, on peut grouper sous trois chefs, toutes les explications proposées : *hypothèse ligamenteuse, hypothèse articulaire, hypothèse ostéitique.*

Ces hypotheses ressemblent fort aux si nombreuses théories pathogéniques de la tarsalgie des adolescents.

Or là, pas plus qu'ailleurs, les influences mécaniques ne sauraient être suffisantes pour produire des synostoses. Il nous semble contraire à tout ce que l'on sait, de supposer qu'une hyperextension ligamenteuse répétée soit suffisante pour déterminer « de l'ostéite périphérique qui, en modifiant la nutrition du cartilage, fait apparaître les lésions arthritiques » (Banier[2]) dont dépend l'ankylose.

Il faut plus que des arrachements ligamenteux infimes pour produire une « ostéo-arthrite ankylosante ». Nous avons pu voir au musée de l'Ecole vétérinaire de Lyon des pièces superbes d'éparvins. Avec ce que nous savons des ankyloses de l'homme, nous dirons, sans arrière-pensée, que seul un processus infectieux peut donner de pareilles productions osseuses. C'est donc dans ce sens qu'il faut s'orienter si l'on veut une explication admissible, et volontiers c'est vers la tuberculose que nous la chercherions. La tuberculose étant très rare chez les chevaux, il serait curieux de voir si le séro-diagnostic, la tuberculine, ne donnerait pas l'indication définitive de l'infection qui, seule, engendre de pareilles ossifications[3].

II. — Les données générales que nous venons de développer sur les

---

[1] V. Drouin, *Revue générale de médecine vétérinaire*, 15 avril 1903. Etiologie et pathogénie des tares osseuses.

[2] Banier, Sur la pathogénie de l'éparvin *(Bull. de la Soc. centrale de méd. vétérinaire, 1898).*

[3] Depuis quelques mois, M. le professeur Cadéac, de l'Ecole vétérinaire de Lyon, a bien voulu, sur notre demande, entreprendre de telles expériences chez le cheval. D'après les résultats obtenus jusqu'à ce jour, notre hypothèse serait bientôt une réalité?

arthrites ankylosantes, en général, trouvent leur application intégrale à la pathogénie des ankyloses vertébrales.

Dans ces dernières années, on s'est efforcé de les catégoriser et d'en distinguer différents types. P. Marie et son élève Leri sont attachés à cette étude. Ils ont isolé, dans le chaos du rhumatisme chronique, des individualités anatomo-cliniques assez vivantes pour avoir été les jalons de tout ce qui a paru sur ce sujet. Autour de chacune des formes qu'ils avaient vulgarisées, des observations plus ou moins identiques sont venues, de tous côtés, cristalliser, en quelque sorte, et consolider une doctrine séduisante.

Toutefois, il y a là, croyons-nous, quelque chose d'artificiel. Ce ne sont pas les positions d'ankyloses, le plus ou moins de diffusion du processus ossifiant, qui peuvent permettre d'isoler des types définitifs.

Si l'on appliquait pareille méthode aux articulations des membres, on arriverait à des conclusions inadmissibles et il n'y a aucune raison d'appliquer un régime de faveur à la colonne vertébrale. Le processus ankylosant est là ce qu'il est partout ailleurs et rien de plus. La localisation des lésions, leur généralisation, le plus ou moins de régularité des ossifications auxquelles elles conduisent, peuvent permettre d'indiquer des divisions commodes pour l'étude. Elles ne sauraient impliquer des distinctions pathogéniques.

C'est ce que nous voulons essayer de montrer ici. Pour cela, il est nécessaire d'établir, tout d'abord, quelles sont les principales formes isolées dans le groupe confus des ankyloses vertébrales.

Au point de vue anatomique, on en décrit deux grands types. L'un est surtout ligamenteux, l'autre plutôt ostéo-articulaire. Le premier correspond, dit Léri, à une *ménisco-ligamentite*. Il peut être généralisé ou localisé.

Dans chaque cas, il offre certaines caractéristiques que nous indiquerons.

Total, il crée la spondylose rhizomélique, maladie toxi-infectieuse.

Localisé, il produit la cyphose de Bechterew, affection hérédo-traumatique.

Le second type répond à une ossification, totale, rectiligne, de la colonne et serait seul le fait du rhumatisme chronique.

A première vue, ces divisions paraissent bien un peu frêles. Voyons-en le détail.

Dans le premier cas, d'après Marie et Léri, on trouve l'ossification de presque tous les ligaments de la colonne. Les apophyses articulaires sont soudées à leur pourtour, elles ne forment plus extérieurement qu'une colonnette moniliforme. Les ligaments jaunes sont nettement ossifiés par place, de même en est-il des ligaments costo-vertébraux. La plupart présentent seulement une ossification de leurs faisceaux supérieur et inférieur, plus résistants. Les faisceaux moyens qui se rendent au disque intervertébral sont respectés. Les ligaments costo-transversaires sont pris, eux aussi. Les sus-spineux forment, par place, des ponts osseux, entre les épiphyses voisines. Même dispositif est réalisé, mais moins complètement, sur la face antérieure des corps vertébraux, plus, semble-t-il « par ossification du disque que par celle du ligament vertébral commun antérieur ». Celui-ci, en effet, comme le ligament commun postérieur, reste presque intact.

De plus, le canal rachidien garde son diamètre normal, sans végétations, mêmes exubérantes, en diminuant la lumière. Les trous intervertébraux conservent, eux aussi, leur calibre normal. Il existe, seulement, par endroit, un rapprochement plus ou moins accusé de certaines extrémités articulaires, pouvant aller tardivement jusqu'à la soudure totale de deux os voisins.

D'autre part, ce processus touche aussi toutes les articulations à ménisque ou à bourrelet : la hanche, l'épaule, le genou, la sterno-claviculaire, la temporo-maxillaire.

Finalement cependant, mais toujours tardivement, il pourrait se généraler aux articulations des pieds.

En somme, à part ce dernier détail, il répond à une ménisco-ligamentile ossifiante.

Mais, de plus, il semble que l'hyperossification se fasse aux dépens d'une désossification parallèle, en d'autres endroits, où les os sont ramollis et frappés d'ostéite raréfiante.

Tel serait l'aspect caractéristique de la spondylose rhizomélique, maladie bien isolée, véritable entité anatomo-clinique.

La *cyphose hérédo-traumatique*, décrite par Bechterew sous le nom de : *rigidité vertébrale*, dite, parfois aussi, *maladie de Kümmel*, vulgarisée en France par Marie et Astié[1], est moins connue. Léri, qui en a publié une autopsie détaillée, la regarde comme caractérisée anatomiquement par une cyphose avec ossification en saillie de la plupart des ligaments vertébraux.

Le plus touché serait le ligament vertébral commun antérieur, mais non sur toute sa hauteur. Avec lui, les ligaments jaunes sont aussi frappés dans le même département rachidien, les autres sont plus ou moins intacts.

Bref, la formule anatomique de cette forme peut être ainsi énoncée : ankylose, localisée à la concavité d'une courbure cyphotique.

Tout autres sont les lésions dans le rhumatisme vertébral. Ce qui domine, en pareil cas, c'est la soudure en masse et dans le sens rectiligne de tout l'axe vertébral, ou de l'un de ses segments (J. Teissier). C'est l'ossification régulière des ligaments antérieurs qui forment des ponts rigides entre les corps vertébraux immobilisés en un bloc rectiligne. C'est encore la présence constante d'ostéophytes, parfois volumineuses, surtout au niveau des faces latérales du rachis, diminuant beaucoup la lumière des trous de conjugaison, comme l'ont établi Touche et Regnault. J. Teissier auquel nous empruntons cette description en a montré de très belles pièces.

Les lésions sont, on le voit, bien différentes de celles de la spondylose. Elles sont trop dissemblables pour qu'on puisse leur supposer une pathogénie univoque. Il faut donc disjoindre ces deux modalités cliniques et les opposer, au lieu de les réunir dans un groupement synthétique.

P. Marie et Léri[2], J. Teissier et Roque[3] se sont prononcés formellement dans ce sens.

En résumé, il existe deux types d'ankylose vertébrale : l'un ligamentaire, qui s'accompagne d'ostéomalacie, d'ostéite raréfiante ; l'autre ostéo-articulaire purement plastique.

---

[1] *Presse médicale*, octobre 1897.
[2] *Nouvelle iconographie de la Salpétrière*, n° 1, 1905.
[3] *Traité de médecine*, art. RHUMATISME CHRONIQUE.

Au premier, ressortissent deux formes cliniques : la spondylose rhizo-mélique et la cyphose hérédo-traumatique.

Du second, dépend le rhumatisme vertébral, qui peut être, cervical, cervico-dorsal, dorso-lombaire ou total[1].

Contrairement à cette manière de voir, nombre d'auteurs, Schlesinger[2], A. Pic[3], sont résolument unicistes.

Ce ne sont là que des formes, à peine différentes, d'un processus uni-voque.

Telle est notre opinion.

Comme nous l'avons développé ailleurs[4], tout agent causal peut, en matière de rhumatisme chronique, prendre au niveau des articulations deux seuls modes évolutifs, l'un atrophique, raréfiant, l'autre, plastique, hyperostéosant. Ces modalités différentes voisinent souvent chez le même malade. Ce sont des questions de virulence et de terrain qui marquent la dominante du processus et non point sa nature.

On ne peut se baser sur eux pour établir des distinctions pathogéniques.

En outre, ainsi que nous l'avons établi au début, toute toxi-infection est susceptible d'engendrer n'importe quelle variété d'ankylose. Chez tel individu elle donnera une ankylose périphérique, capsulo-ligamentaire ; chez tel autre, une synostose absolue. Tout dépendra du mode d'attaque et de la localisation prédominante.

Et si la spondylose réalise plus souvent le premier type, c'est parce que, à la colonne, *les ankyloses, sont le plus souvent, périphériques. L'os-sification intervertébrale est ptus rare parce que les fusions interarticu-laires absolues correspondent surtout à des lésions synoviales et à des ulcérations cartilagineuses. Pour un tel résultat, il faut un cartilage mince et une séreuse. Ni l'une ni l'autre de ces conditions ne sont réali-sées au rachis.*

Le syndrome spondylose rhizomélique ne correspond donc pas, fatale-ment et nécessairement, à un processus ligamentaire, mais il y répond le plus souvent. D'autre part, il n'est pas fatalement accompagné d'une ostéite raréfiante. Ce qui le prouve, c'est que Pic a trouvé, chez ses malades, une véritable éburnation des hanches synostosées. Nous avons nous-même observé des lésions d'ostéite condensante chez des spondylosiques.

Enfin, on ne saurait donner comme un caractère pathognomonique d'une lésion, le fait de la position d'ankylose.

Au rachis, comme ailleurs, la rectitude et la flexion sont déterminées par des questions de statique. Quand le processus est ankylosant d'emblée, la colonne est figée dans sa forme brusquement. Quand, au contraire, et c'est le cas le plus fréquent, les lésions passent par une phase transitoire d'ostéomalacie, les déformations les plus diverses peuvent survenir. Le ramollissement osseux permet l'action des causes mécaniques, et l'ostéite condensante terminale ou l'ankylose de guérison surprennent le squelette dans une position anormale, désormais définitive.

L'ankylose, dite du rhumatisme chronique, est en extension, parce qu'elle est totale, et que, d'emblée, le processus est ankylosant.

[1] V. Mayet et Jouve, *Gaz. des hôpitaux*, 1902.
[2] Schlesinger. *Mitt. aus den Grenzgeb.*, 1900.
[3] Pic et Bombes de Villiers, *Lyon médical*, 1903.
[4] A. Poncet et R. Leriche, *Académie de médecine*, 13 mars 1906.

— 12 —

Les ankyloses de la spondylose ou de la cyphose hérédo-traumatique
sont, en parties, vicieuses, parce que l'agent causal épuise longtemps son
effort à la périphérie, en ne donnant primitivement au niveau du squelette proprement dit, que du ramollissement inflammatoire. Et alors pendant que, lentement, les ligaments s'ossifient, la colonne se tasse et s'in-
curve.

Ces actions parallèles, qui s'accompagnent de douleurs violentes, pro-
gressent, fatalement, avec le même cortège de souffrances, jusqu'au
jour où le processus ossifiant est devenu suffisant pour fixer les lésions
et immobiliser le rachis en position anormale.

Là, comme partout en pathologie articulaire, l'immobilisation est cura-
tive. Elle fait rétrocéder l'inflammation, elle diminue, elle supprime la
douleur.

Pour ces diverses raisons, en appliquant au cas particulier ce qui est
la règle générale pour toutes les autres articulations, nous ne croyons
pas que l'on puisse trouver dans de purs caractères morphologiques un
motif valable de différenciation entre deux processus, rattacher l'un,
à une trophonévrose, et l'autre, à une toxi-infection.

*Pour nous toute ankylose spontanée, nous le répétons, est le résultat
d'une infection qui touche plus ou moins les ligaments ou les os, mais
jamais les uns à l'exclusion des autres. Toutes les formes de transition
existent, tous les intermédiaires sont réalisés, la chaîne est donc ininter-
rompue entre les types extrêmes.*

Mais s'il en est ainsi quels sont les facteurs étiologiques à invoquer, en
fin de compte?

D'après ce que nous avons dit, le froid même prolongé, les émotions,
le traumatisme, etc. ne sont pas autre chose que des causes occasionnelles.
Pour le traumatisme, la question veut être développée. On l'a, en effet,
mis directement en cause comme explication de la cyphose de Bechterew.
Pour Marie et Leri, son rôle est manifeste. Nous pensons, au contraire,
que des chocs, insignifiants, même répétés, ne peuvent donner de l'ankylose vraie. Des arrachements ligamentaires minimes sont insuffisants à
engendrer des hyperostéoses étendues et ne produisent guère que de
petites ecchondroses, des stalactites très localisées.

Reuter[1], dans un mémoire récent, s'est attaché à montrer comment la
doctrine de Kümmel était inadmissible au point de vue anatomo-patho-
logique. Avec lui, nous nous refusons à croire que des traumatismes
légers plus ou moins appréciables, puissent par hémorragie intra-
osseuse, engendrer une ostéite raréfiante assez intense pour permettre
des tassements et la cyphose consécutive.

Il faut une infection pour donner naissance à de pareilles lésions, mais
aucune n'est spécifique et tout agent microbien peut intervenir.

Deux sont le plus habituellement en cause, le gonocoque et le bacille de
Koch, quelquefois même ils associent leur pouvoir plastique commun.

Pour la blennorragie, on ne fait aucune difficulté à l'admettre.

Pour la tuberculose, la chose est moins classique. Elle est tout aussi
sûre cependant.

1. Ueber die Beziehungen zwischen spondylites traumatica und ankylose des
Wirbelsäule (*Arch. f. orthopedic.*, Bd II, p. 137, 1903).

Depuis la communication de l'un de nous à la Société médicale des hôpitaux de Paris[1] les observations s'en sont multipliées. Celles de Pic et Bombes de Villiers, de L. Thévenot, etc., les thèses, entr'autres, de Moutet et de Gerspacher, ont surabondamment démontré l'action, en pareil cas, du poison tuberculeux.

Leri, dans ses premiers mémoires, avait, d'ailleurs, signalé certains spondylosiques comme suspects de tuberculose : ainsi celui d'Hilton Fagge, de Teixidos Sunor. Il rapportait lui-même un cas où la tuberculose n'était pas douteuse. J. Teissier en a cité un autre.

Bref, sur une soixantaine d'observations de spondylose connues, une vingtaine au moins lui sont rattachables.

Ces relations de la tuberculose et de l'ankylose vertébrale ont trouvé une nouvelle preuve dans les constatations récentes de Lorentz. La fréquence des lésions ankylosantes de la colonne chez les tuberculeux est telle, d'après lui, qu'on ne peut la considérer comme une simple coïncidence : *sur 174 phtisiques, il en trouve 68 atteints de rigidité vertébrale, dont 55 pour 100 ayant moins de quarante ans !*

Il est donc certain aujourd'hui que la tuberculose est à l'origine d'un grand nombre d'ankyloses, quels que soient leur siège et leur forme anatomique.

Elle agit là sans produire de lésions spécifiques et d'édifications anatomiques caractéristiques.

Ce sont des ankyloses par tuberculose inflammatoire dont le rhumatisme tuberculeux ankylosant est une des formes les plus fréquentes.

Comme tout rhumatisme infectieux, il a, au premier chef, une tendance fibro-plastique, et c'est à lui qu'il faut toujours penser en présence d'une ankylose spontanée, dont la cause échappe, alors même que le malade paraît en pleine santé. Il pourra mettre sur la voie des lésions larvées, jusqu'alors silencieuses, dont il n'est qu'une anormale et bruyante manifestation.

[1] A. Poncet, Soc. méd. des hôpitaux, 1903.

Lyon. — Imp. A. Rey et Cⁱᵉ, 4, rue Gentil — 42827